讲故事学编程
小红帽的故事

李雁翎　匡松　主编
王伟　刘征　编著

电子工业出版社
Publishing House of Electronics Industry
北京·BEIJING

内容简介

本书基于耳熟能详的小红帽的故事进行创作，作者将带领孩子在腾讯扣叮平台的创意实验室里编写程序，通过拖曳编程积木，呈现故事情节，创造属于孩子自己的数字世界。作者通过故事化的沉浸式教学和可视化的图形编程，培养孩子的计算思维和创新能力，提升孩子的创新和动手能力。

对于使用本书学习编程知识的孩子，编程就像编写一个又一个引人入胜的动画故事，只需要拖曳一连串的积木组合，就能够快速地制作有趣的动画故事。

未经许可，不得以任何方式复制或抄袭本书之部分或全部内容。
版权所有，侵权必究。

图书在版编目（CIP）数据

讲故事学编程. 小红帽的故事 / 李雁翎，匡松主编；王伟，刘征编著. — 北京：电子工业出版社，2021.9
ISBN 978-7-121-37950-5

Ⅰ. ①讲⋯ Ⅱ. ①李⋯ ②匡⋯ ③王⋯ ④刘⋯ Ⅲ. ①程序设计 – 儿童读物 Ⅳ. ① TP311.1-49

中国版本图书馆 CIP 数据核字 (2021) 第 181261 号

责任编辑：孙清先
印　　刷：北京东方宝隆印刷有限公司
装　　订：北京东方宝隆印刷有限公司
出版发行：电子工业出版社
　　　　　北京市海淀区万寿路 173 信箱　邮编：100036
开　　本：787×1 092　1/16　印张：8　字数：128.00 千字
版　　次：2021 年 9 月第 1 版
印　　次：2021 年 9 月第 1 次印刷
定　　价：53.00 元

凡所购买电子工业出版社图书有缺损问题，请向购买书店调换。若书店售缺，请与本社发行部联系，联系及邮购电话：（010）88254888，88258888。
质量投诉请发邮件至 zlts@phei.com.cn，盗版侵权举报请发邮件至 dbqq@phei.com.cn。
本书咨询联系方式：（010）88254509，765423922@qq.com。

序

在中国改革开放初期，邓小平提出："计算机普及要从娃娃抓起。"30余年过去，这句高瞻远瞩的话要更加落实到孩子的身上。

如今，我们不但进入了信息社会，而且正在迈入一个高水平的信息社会。人工智能，以及能满足智能制造、自动驾驶、智慧城市、智能家居、智慧学习等高质量生活方式需求的第5代移动通信技术，正在向我们走来。在我看来，这个新时代，正是从娃娃开始就要学习和掌握人工智能的时代，也是我们将邓小平的科学预言付诸行动、加以实现的时代。

我们的后代，一定是在高科技环境中成长的。从他们的少儿时期和中小学时期开始，一定要对他们进行良好的、基本的计算思维训练和程序设计训练，培养他们适应生活的综合能力。

让孩子较早接触"编写程序"活动，通过对程序设计的学习，使孩子建立计算思维习惯和信息化生存能力，将对他们的人生产生深远的影响。

2017年7月，国务院印发《新一代人工智能发展规划》，提出"实施全民智能教育项目，在中小学阶段设置人工智能相关课程，逐步推广编程教育，鼓励社会力量参与寓教于乐的编程教学软件、游戏的开发和推广"。2018年1月，教育部"新课标"修订，正式将物联网、人工智能、大数据处理等列为普通高中"新课标"内容。

为助力更多的孩子实现编程梦，推动编程教育，由李雁翎教授和匡松教授担任主编，北京师范大学、东北师范大学等高校的青年教师编著了这套图书。这套书立意新颖、结构清晰，具有适合少儿编程教育的特色。

"讲故事学编程""去观察学编程""解问题学编程"的情境创意设计，针对性强，知识内容丰富，寓教于乐，是基础教育阶段教学的好教程，也是孩子进入"编程世界"的好向导。

我愿意把这套书推荐给大家。

陈国良

2021年7月27日

前 言

  对于从小开始接触编程的孩子,他们的未来会有什么不同?

  从小学习编程的孩子能在未来社会中具有更强的竞争力。通过学习编程,他们在现实情境理解、问题发现与分析、计算机建模与算法设计、创新性与创造力方面都将具有很好的素养。少儿编程是在素质教育大背景下,为孩子认知未来社会而准备的一份礼物。

  本书以可视化图形编程为工具,以小红帽的故事为线索,并进行了再创作。在孩子完成编程后,会带领孩子以思维导图的方式回顾编程过程。整本书以故事为线索,带领孩子在腾讯扣叮平台的创意实验室里进行创作。创作过程以兴趣为基础,通过探究,引导孩子分析问题,提升孩子解决问题的能力,并通过拖曳编程积木还原故事情节,创造属于孩子的数字世界。

  在编写过程中作者充分考虑了故事的趣味性、程序的游戏性和内容的渐进性,通过编程再造了喜得小红帽、小红帽爱整理、小红帽选礼物、小红帽听嘱咐、小红帽不贪玩、小红帽追蝴蝶、小红帽数脚印、小红帽采鲜花、小红帽对暗号和小红帽喜得红披风,共 10 个故事,每个故事对应一个包含不同编程技能的程序。

  由衷地感谢李雁翎教授远见卓识地预见少儿编程的重要性,策划并组织本丛书的编写。感谢匡松教授对本书的细致指导和耐心修改,让我们不止一次感受到他治学严谨的态度。感谢插画师刘婉莹、任测洁和王默老师,他们的创作为本书的程序赋予了全新的诠释，让原本静止的画面变得灵动。还要特别感谢电子工业出版社孙清先编辑在加工过程中的辛勤付出，正是他详尽细致的审阅批注以及诸多宝贵的修改建议，保证了本书的质量。特别感谢东北师范大学研究团队，尤其是李冰莹、罗瑞、王凡，他们在书稿配图、反复校对等工作中承担了大量工作。正是每位成员对少儿编程的热爱、对撰写本书意义的认同、对反复多轮工作的支持与包容，才能确保本书的最终成稿。最后，感谢在学习工作中一直为我们默默付出的家人，正是你们的陪伴与付出，才能使我们的人生变得更加温馨和有意义。

本书适合作为中小学少儿编程教材或辅助学习用书，供学习编程的小朋友使用，同时，本书适用于亲子共读，家长可以与孩子一起领略快乐的编程学习之旅。

作者和编辑已尽最大努力保证本书内容和代码的准确性，但仍有可能会出现疏漏，如果您在阅读过程中发现了问题，请及时反馈给我们，这将帮助我们进一步提升本书的质量。

本书编著者：王 伟 刘 征

2021 年 3 月 10 日

目录

1 喜得小红帽 / 1

2 小红帽爱整理 / 10

3 小红帽选礼物 / 22

4 小红帽听嘱咐 / 32

5 小红帽不贪玩 / 43

6 小红帽追蝴蝶 / 54

7 小红帽数脚印 / 64

8 小红帽采鲜花 / 76

9 小红帽对暗号 / 86

附录 A / 108

附录 B / 116

附录 C / 117

10 小红帽喜得红披风 / 96

本书提供配套的资源文件，读者可以登录华信教育资源网（www.hxedu.com.cn），注册并登录后，在网页的搜索栏输入本书的书名，即可免费下载。在获取配套资源时，如遇到问题，请联系电子工业出版社（E-mail:hxedu@phei.com.cn），也可致电本书咨询电话（010）88254509。

喜得小红帽

1

外婆送给小女孩贝琳一顶小红帽,贝琳欣喜万分,开心极了。让我们一起和贝琳感受外婆的爱,为她戴上美丽的小红帽吧!

很久很久以前，有个小女孩叫贝琳，她聪明、懂事、可爱，大家都非常喜欢她，最喜欢她的是外婆。外婆经常给贝琳讲故事，陪她玩游戏。外婆特别享受每一个和贝琳互动的日子。

一个阳光明媚的日子，外婆和贝琳在院子里玩耍，外婆发现贝琳的脖子和脸上渐渐出现一些红色斑疹，细心的外婆马上意识到小外孙女对太阳光线中的紫外线过敏。于是，从那天开始，贝琳就不能再在阳光下玩耍了。

外婆有一双灵巧的手，尤其擅长做衣服。她特别希望自己能为小外孙女做一顶防紫外线的帽子。于是，她拜托很多人帮她寻找布料。终于，有人帮外婆带回来一匹能够防紫外线的红色布料。外婆特别开心，连夜赶制了一顶精美的小帽子。第二天一早，外婆赶到贝琳家，要给小外孙女一个惊喜。

外婆向贝琳介绍了这顶神奇的帽子，贝琳瞬间就被这顶红色的金丝绒质的小帽子吸引了。帽子的奇特功能使她感到很惊讶，她迫不及待地戴上了帽子。

戴上帽子的贝琳对着镜子露出了甜甜的笑容，觉得好看极了。贝琳非常喜欢这顶红色的小帽子，自此以后，无论她去哪里，都戴着这顶红帽子，再也不愿意戴其他帽子了。于是，大家只要远远地看到一顶红色的帽子，就知道是贝琳来了，便给她起了一个亲切好记的昵称——"小红帽"。

演示程序

扫描图中的二维码，观看程序的运行效果。
细心观察，你会发现贝琳的造型变化过程。

1. 点击 运行 按钮，是贝琳没有戴红帽子的造型。

2. 稍等一会儿，贝琳戴上了红色的帽子。

3. 再等一会儿，贝琳戴着小红帽开心大笑。

小朋友，这就是动画的效果。接下来，我们看看这个动画是怎样创造出来的吧！

0.2 解锁编程技能

编完这个程序,你将学会以下编程技能:

(1) 背景与角色
(2) 程序运行后,角色执行动作
(3) 角色的造型切换
(4) 造型的保持时间

0.3 一步一步学编程

小朋友,现在就和老师一起来完成贝琳喜得小红帽的编程吧。

1.3.1 准备好编程资源

首先,需要准备好相关编程资源,这个环节可以找家长或老师帮忙,但是,要记得文件存放在什么地方。

↳ **步骤一**:下载书籍配套资源文件的压缩包到计算机。

↳ **步骤二**:将资源文件解压缩并保存到指定位置。

↳ **步骤三**:打开"案例1"文件夹,确认包括"喜得小红帽-基础案例.cdc"文件。

喜得小红帽-基础案例.cdc

1.3.2 添加背景与角色

接下来，我们正式开始编程啦！

打开编程环境，布置好舞台背景，邀请故事角色上场。

➥ **步骤一**：打开附录1，你会看到两种进入腾讯扣叮编程环境的办法。小朋友可以通过浏览器或者客户端进入腾讯扣叮编程平台。

➥ **步骤二**：导入"喜得小红帽-基础案例"文件。

1. 点击"文件"菜单，选择"从电脑导入"命令。

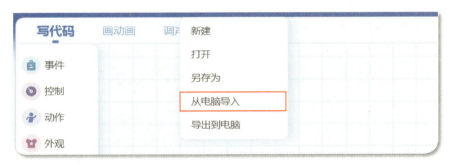

2. 在弹出的"打开"对话框中，找到编程资源"案例1"文件夹的位置，选择"喜得小红帽-基础案例.cdc"，点击"打开"按钮。

现在,你已经把舞台布置好啦。同时,增加了外婆和贝琳这两个故事主角。

1.3.3 运行程序

小朋友,我们一起搭建积木,让故事中的角色动起来吧。

↘ **步骤一**:通知贝琳在被点击后做动作。

点选"已选素材区"的"贝琳"图标,将鼠标移至"事件"类积木中,找到积木 ,并拖曳到积木块编辑区。这个积木可以让贝琳在屏幕右上角舞台区的 被点击后做出动作。

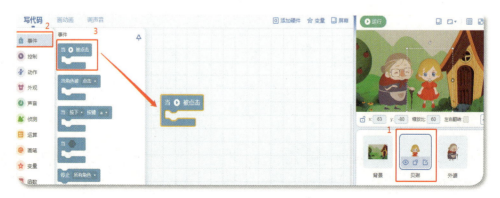

🔽 **步骤二**：呈现贝琳没有戴帽子的造型。

在"外观"类积木中找到积木 `切换到造型 小女孩▼`，并拖曳到积木块编辑区 `当▶被点击` 的肚子里。

🔽 **步骤三**：5秒钟后，贝琳变化为戴帽子的造型。

（1）在"控制"类积木中找到积木 `等待 1 秒`。如果找不到这个积木块，记得向下拖动鼠标，就能看到了。把积木 `等待 1 秒` 拖曳到 `当▶被点击` 的肚子里，拼接到积木 `切换到造型 小女孩▼` 的下方。

（2）修改积木块 `等待 1 秒` 的等待数值，将1修改为5。

（3）在"外观"类积木中找到积木 `下一个造型`，拼接到积木 `等待 5 秒` 的下方。

🔽 **步骤四**：5秒钟后，贝琳变化为戴帽子开心大笑的造型。

（1）在"控制"类积木中找到积木 等待 1 秒，拼接到积木 下一个造型 的下方，并将 等待 1 秒 中的 1 修改为 5。

（2）在"外观"类积木中找到积木 下一个造型，拼接到积木 等待 5 秒 的下方。

现在，我们已经完成了所有的故事动画编程创作。点击右上角画框内的 ▶运行 按钮，看一看故事动画的变化是否和演示程序一致吧！

1.3.4 保存文件

小朋友，不要忘记保存这个作品。点击"文件"菜单，选择"导出到电脑"命令，刚刚完成的作品就下载到电脑中了。

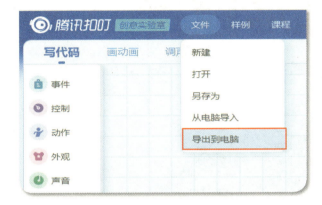

记得找家长或者老师帮忙，为你建立一个专属文件夹，收集你所有的作品。

1.4 编程思路

小朋友，咱们一起回顾这次编程之旅吧。

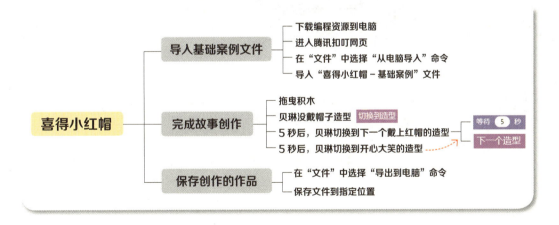

2 小红帽爱整理

通过日常游戏,外婆帮助小红帽养成爱整理的习惯,小红帽能够将玩具物归原处。让我们一起做一个爱整理的孩子吧!

外婆经常抽时间陪伴小红帽，给小红帽带来新鲜的蔬菜和水果，教小红帽科学、合理的饮食搭配；和小红帽一起跳绳、踢毽子、散步，帮助小红帽养成坚持运动的好习惯，使她感受运动带来的放松；给小红帽带来娇艳的花朵，并和她一起剪枝、插花，也会和小红帽一起观察云彩的形状、编故事，教她感受生活的美和创造生活的美；还常常带着小红帽去森林看清晨的薄雾、听翠鸟鸣啼、采雨后蘑菇，一边探险一边感受大自然丰富的馈赠；还会带着小红帽感受春播、夏种、秋收、冬藏，让小红帽知晓劳作不易，珍惜劳动成果。

外婆特别注重培养小红帽良好的品格和行为习惯。小红帽经常幸福地依偎在外婆身边，听她讲故事。故事中的人物带着小红帽游历世界、感受不同的风景；故事中的人物让小红帽学会了讲礼貌、懂道理、尊重长辈、团结友爱，还让小红帽懂得做人要自信、自爱、独立和积极上进。

外婆将深奥的道理融入点滴的生活中，并转化为游戏。"玩具回家"游戏是小红帽和外婆经常玩的游戏，即将所有玩具物归原处。今天，小红帽和外婆拿着布娃娃玩过家家的游戏，当外婆发出"玩具回家"的命令后，小红帽马上就把布娃娃放到了置物架上。

2.1 演示程序

扫描图中的二维码,观看程序的运行效果。

1. 点击 ▶运行 按钮,小红帽、布娃娃都跟随鼠标移动。

2. 移动鼠标指挥小红帽,将布娃娃放到置物架。按下键盘上的 A 键,布娃娃不再移动。

3.移动鼠标指挥小红帽走到外婆身边,按下键盘上的 B 键,小红帽停留在外婆身旁。

小朋友,这就是动画的效果。接下来,看看这个动画是怎样创造出来的吧!

2.2 解锁编程技能

编完这个程序,你将学会以下编程技能:

(1) 按下键盘上的符号后,角色执行动作
(2) 角色不断重复执行动作
(3) 角色跟随鼠标移动
(4) 角色停止动作

2.3 一步一步学编程

小朋友,现在就和老师一起来完成小红帽听到"玩具回家"后,送布娃娃回家的编程吧。

2.3.1 准备好编程资源

在"喜得小红帽"创作中,我们下载了所有编程资源,你还记得把他们存放在什么地方吗?每次创作,我们都需要找到相关资源。

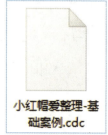

打开"案例 2"文件夹,确认包括"小红帽爱整理 - 基础案例.cdc"文件。

2.3.2 添加背景与角色

接下来,我们正式开始编程啦!

打开编程环境,布置好舞台背景,邀请故事角色上场。

步骤一:小朋友,上次你是怎样进入腾讯编程环境的呢?如果忘记了,可以打开附录 A,掌握两种进入腾讯扣叮编程环境的办法。

步骤二:导入"小红帽爱整理 - 基础案例"文件。

(1)点击"文件"菜单,选择"从电脑导入"命令。

(2)在弹出的"打开"对话框中,找到编程资源"案例2"文件夹,选择"小红帽爱整理-基础案例.cdc",点击"打开"按钮。

现在,你已经把舞台布置为温馨的"房间",小红帽带着布娃娃站在外婆身边。

点选"已选素材区"的"小红帽"图标，你会发现小红帽有一组程序积木。这组积木能够让小红帽在程序运行后，呈现"原地踏步走"的效果。

2.3.3 运行程序

小朋友，我们一起搭建积木，让故事中的角色动起来吧！

步骤一： 点击右上角舞台区的 ▶运行，小红帽跟随鼠标移动。

（1）点选"已选素材区"的"小红帽"图标，将鼠标移至"事件"类积木中，找到积木 ，并将它拖曳到积木块编辑区。

（2）在"控制"类积木中，拖曳积木 到积木 的肚子里。

（3）在"动作"类积木中，拖曳积木 `移到 鼠标指针` 到积木 `重复执行` 的肚子里。

➡ **步骤二**：点击右上角舞台区的 ▶运行，布娃娃和小红帽一起跟随鼠标移动。

在屏幕右下角点选"已选素材区"的"布娃娃"图标，按照步骤一的方法，为"布娃娃"增加同样的积木，实现布娃娃也跟随鼠标移动的效果。

小朋友，我们有2个角色，一定要确保你选择了"布娃娃"，也给它拼接了相同的积木块。

➡ **步骤三**：按下键盘上的 A 键，布娃娃停止移动。

（1）点选"已选素材区"的"布娃娃"图标，将鼠标移至"事件"类积木中，找到积木 `当按下 按键 a`，并将其拖曳到积木块编辑区。

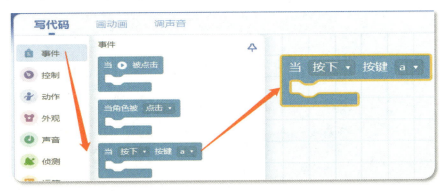

(2) 在"事件"类积木中，拖曳积木 到上面积木的肚子里。

(3) 点击 停止 所有角色 中的"所有角色"，在下拉列表中选择"当前角色"。

这样，就完成了布娃娃的所有代码。

⬇ **步骤四**：按下键盘上的B键，小红帽停止移动。

与步骤三类似，完成小红帽停止跟随鼠标移动。有两点注意事项：一是在"已选素材区"点选小红帽；二是需要将按下A键改为B键。

(1) 在屏幕右下角，点选"已选素材区"的"小红帽"图标。

(2) 将鼠标移至"事件"类积木中，找到积木 当 按下 按键 a ，并

拖曳到积木块编辑区。

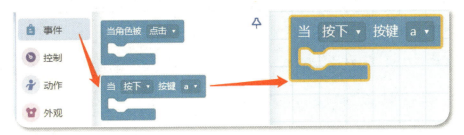

（3）点击 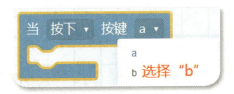，在下拉列表选择"b"。

（4）在"事件"类积木中，拖曳积木 停止 所有角色 到上述积木中，点击"所有角色"，将其修改为"当前角色"。

小朋友，请核对你是否为小红帽搭建了这些积木。

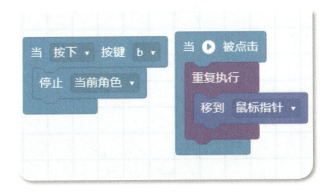

现在，我们已经完成了所有的故事动画编程创作，快看看是否和演示程序一致吧！

你成功送布娃娃回家了吗？点击右上角舞台区的 运行 按钮，尝试移动布娃娃到置物架，然后，按下键盘上的A键，放下布娃娃，再将小红帽移动到外婆身边；按下键盘上的B键，停止小红帽的移动。

2.3.4 保存文件

小朋友，不要忘记保存这个作品。点击"文件"菜单，选择"导出到电脑"命令，找到你的专属文件夹，保存好刚刚完成的作品。

2.4 编程思路

小朋友,我们一起回顾这次编程之旅吧。

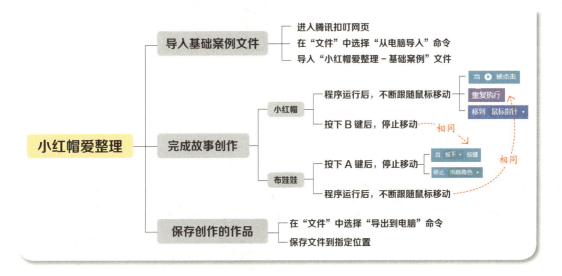

3 小红帽选礼物

小红帽得知外婆生病后,自告奋勇照顾外婆,并和妈妈一起准备礼物。让我们向小红帽学习,做一个感恩、孝顺的孩子吧!

一天，外婆生病了。可是，妈妈不能去照顾外婆。看到妈妈伤心的样子，小红帽心里非常难过。她想起和外婆曾经一起度过的快乐时光——春天放风筝、夏天踩水坑、秋天捡树叶、冬天堆雪人……小红帽想到这里，大滴的眼泪禁不住地落了下来。

小红帽决定要肩负起照顾外婆的责任，她恳求妈妈允许自己独自照顾外婆。妈妈很不舍，但是，她知道小红帽可以自己做饭、扫地，能够自己洗衣服、种蔬菜，能够认路，她相信这个聪明、懂事、独立、坚强的孩子能够把外婆照顾好，也非常欣慰自己有一个孝顺的女儿。

想好了就行动！妈妈和小红帽开始着手准备带给外婆的礼物。外婆最喜欢吃妈妈做的草莓蛋糕，恰好家里有新鲜的蛋糕。妈妈和小红帽迅速地用奶油和草莓装饰好蛋糕，在蛋糕写上"早日康复"，装入粉色纸盒，放到餐桌上。新鲜水果能够补充丰富的维生素，多吃水果有助于康复。妈妈和小红帽马上到院子里采摘新鲜苹果，这是外婆喜欢的水果。小红帽细心地将苹果放到餐盘里。

接下来，她们将选好的礼物装到篮子里。首先，小红帽在餐桌上拿起蛋糕，把它稳稳当当地放到篮子的左侧；然后，她把又大又红的苹果放到篮子的右侧。准备好礼物，小红帽即将提着篮子出发了。

3.1 演示程序

扫描图中的二维码,观看程序的运行效果。

1. 点击 ▶运行 按钮,蛋糕、苹果都放在餐桌上的指定位置。

2. 点击苹果,将苹果装入篮子的右侧。

3. 点击蛋糕,将蛋糕装入篮子的左侧。

3.2 解锁编程技能

编完这个程序，你将学会以下编程技能：

(1) 角色被点击后，执行动作

(2) 角色的位置

(3) 角色移动到指定位置

(4) 角色位置的初始化设置

3.3 一步一步学编程

小朋友，现在就和老师一起用编程帮助小红帽把苹果和蛋糕装入篮子吧！

3.3.1 准备好编程资源

打开"案例3"文件夹，确认包括"小红帽选礼物 - 基础案例.cdc"文件。

小红帽选礼物-基础案例.cdc

3.3.2 添加背景与角色

接下来，我们正式开始编程啦！

打开编程环境，布置好舞台背景，邀请故事角色上场。

步骤一：小朋友，你可以按照前两次的方法，通过浏览器或者客户端进入腾讯扣叮编程环境。

步骤二： 导入"小红帽选礼物 - 基础案例"文件。

（1）点击"文件"菜单，选择"从电脑导入"命令。

（2）在弹出的"打开"对话框中，找到编程资源"案例 3"文件夹，选择"小红帽选礼物 - 基础案例.cdc"，点击"打开"按钮。

现在，餐桌上已经放好了蛋糕和苹果，需要你来帮忙把它们装入篮子。

3.3.3 运行程序

小朋友，现在我们一起搭建积木，让故事中的角色动起来吧。

➥ **步骤一：** 点击 运行 按钮，蛋糕放置到餐桌上的指定位置。

（1）点选"已选素材区"的"蛋糕"图标，发现它的位置是x=-249，y=-59。小朋友，如果你没有看到"蛋糕"图标，向下拖动"小红帽"图标右侧的灰色滚动条，试一试吧。

（2）将鼠标移至"事件"类积木中，找到积木 当被点击 ，并拖曳到积木块编辑区。

（3）在"动作"类积木中，拖曳 移到 x 0 y 0 积木到 当被点击 的肚子里。

（4）小朋友，你还记得步骤（1）里蛋糕的位置吧，现在，需要将积木 移到 x 0 y 0 中的数字改成我们观察到的数字。点击第一个白色椭圆后，就可以用键盘输入数字了。

（5）将第一个白色椭圆的值改为 −249，将第二个白色椭圆的值改为 −59。小朋友，请根据你观察到的数字进行修改。

（6）在"外观"类积木中，找到积木 切换到造型 造型1，拼接到积木 移到 x 0 y 0 的下方。

▶ 步骤二：点击 ▶运行 按钮，苹果放置到餐桌上的指定位置。

（1）现在要为"苹果"增加类似的积木，点选"已选素材区"的"苹果"，观察它的位置。

（2）按照步骤一的方法为角色"苹果"增加积木。但是，要将数字改成我们观察到的苹果的位置。

▶ 步骤三：点击苹果后，苹果装入篮子的右侧。

（1）点选"已选素材区"的"苹果"图标，将鼠标移至"事件"类积木中,找到积木 ⬚,并拖曳到积木块编辑区。

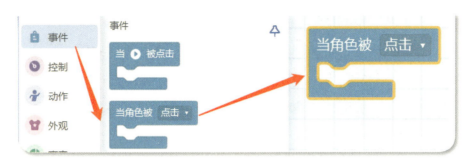

(2) 在"动作"类积木中,拖曳积木 移到 x 0 y 0 到上述积木中。

(3) 修改 移到 x 0 y 0 椭圆中的数字,将其修改为 x=199,y=0。

(4) 在"外观"类积木中找到积木 切换到造型 造型1,拼接到上述积木下方。点击 造型1,在下拉列表中选择"造型2"。

这样,就完成了苹果的所有代码。

🔽 **步骤四**:点击蛋糕后,蛋糕装入篮子的左侧。

小朋友,这个步骤和步骤三非常类似,我们采取类似的方法搭建积木。

(1) 在屏幕右下角的"已选素材区",选择"蛋糕"图标。

(2) 将鼠标移至"事件"类积木中,找到积木块 ,并拖曳到积木块编辑区。

(3) 在"动作"类积木中,拖曳积木 到上述积木中。

(4) 修改 椭圆中的数字,将其修改为x=205,y=-7。

(5) 在"外观"类积木中找到积木 ,拼接到上述积木下方。点击 ,在下拉列表中选择"造型2"。这样,就完成了蛋糕的所有积木编程。

现在,我们已经完成了所有的编程创作,快看一看,是否和演示程序一致吧!小朋友,你帮助小红帽顺利地装好看望外婆的礼物了吗?

3.3.4 保存文件

小朋友,不要忘记保存这个作品。点击"文件"菜单,选择"导出到电脑"命令,找到你的专属文件夹,保存好刚刚完成的作品。

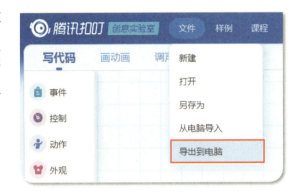

3.4 编程思路

小朋友,咱们一起回顾这次编程之旅吧。

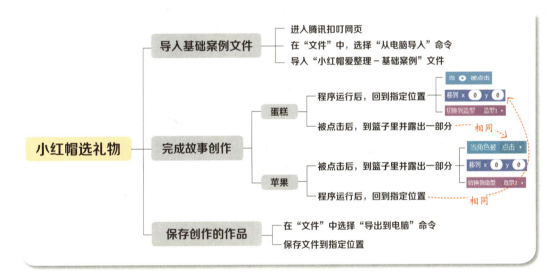

4 小红帽听嘱咐

出发前,妈妈再三叮嘱小红帽。小红帽认真听妈妈的话,让妈妈放心。让我们像小红帽一样,做一个懂事的孩子吧!

小红帽和妈妈多次去过外婆家,但是,小红帽并没有独自去过。妈妈看着提着蛋糕和水果、准备出发的小红帽,露出了担心的神情。

妈妈问小红帽:"小红帽,要照顾好外婆哦。你记得外婆家在哪里吗?"

小红帽说:"记得!记得!外婆的家在村子外面的森林里。从我们家一直走到树林,顺着树林中的大路继续走。外婆的房子就在三颗大橡树下,房子周围有核桃树篱笆。"

妈妈还是忍不住叮嘱她:"小红帽,妈妈不能陪你去外婆家。你千万不要离开大路,大路安全!听妈妈的话,千万不要走小路,一定要走安全又好找的大路!"

小红帽应答道:"知道啦,妈妈。我会听您的话,始终走在大路上,您放心吧。"

妈妈还是不放心,继续叮嘱她:"路上不要和陌生人说话,也不要轻易相信别人!"

小红帽说:"妈妈,我会注意的,不和陌生人说话。"

妈妈继续叮嘱她:"小红帽,路上不要贪玩,早点去照顾外婆。也不要跑,别摔倒了。"

小红帽懂事地点了点头:"我会小心的,妈妈,您放心吧。"

看着宝贝女儿懂事、自信的样子,妈妈放心多了。

小红帽带着准备好的礼物,还有妈妈的嘱咐,离开家门,出发去往外婆的家。

4.1 演示程序

扫描图中的二维码,观看程序的运行效果。

1. 按下键盘上的数字键 1,妈妈说:"小红帽,要照顾好外婆哦。你记得外婆家在哪里吗?"

2. 按下键盘上的数字键 2,小红帽说:"记得!记得!外婆家住在村子外面的森林里。从我们家一直走到树林,顺着树林中的大路继续走,外婆的房子就在三颗大橡树下,房子周围有核桃树篱笆。"

3. 按下键盘上的数字键 3,妈妈说:"小红帽,妈妈不能陪你去外婆家。你千万不要离开大路,大路安全!听妈妈的话,千万不要走小路,一定要走安全又好找的大路!"

4. 按下键盘上的数字键 4,小红帽说:"知道啦,妈妈。我会听您的话,始终走在大路上,您放心吧。"

5. 按下键盘上的数字键 5,妈妈说:"路上不要和陌生人说话,也不要轻易相信别人!"

6. 按下键盘上的数字键 6,小红帽说:"妈妈,我会注意的,不和陌生人说话。"

7. 按下键盘上的数字键 7,妈妈说:"小红帽,路上不要贪玩,早点去照顾外婆。也不要跑,别摔倒了。"

8. 按下键盘上的数字键 8，小红帽说："我会小心的，妈妈，您放心吧。"

4.2 解锁编程技能

编完这个程序，你将学会以下编程技能：

(1) 角色发出声音

(2) 角色轮流说话

(3) 同一个角色内的积木块复制与粘贴

(4) 不同角色之间的积木块复制与粘贴

4.3 一步一步学编程

小红帽听嘱咐-基础案例.cdc

小朋友，现在就和老师一起用编程完成妈妈嘱咐小红帽的对话吧！

4.3.1 准备好编程资源

找到下载的编程资源文件，打开"案例 4"文件夹，确认包括"小红帽听嘱咐 - 基础案例 .cdc"文件。

4.3.2 添加背景与角色

接下来，我们正式开始编程啦！

打开编程环境，布置好舞台背景，邀请故事角色上场。

步骤一： 进入腾讯扣叮编程环境。

步骤二： 导入"小红帽听嘱咐-基础案例"文件。

（1）点击"文件"菜单，选择"从电脑导入"命令。

（2）在弹出的"打开"对话框中，找到编程资源"案例4"文件夹，选择"小红帽听嘱咐-基础案例.cdc"，点击"打开"按钮。

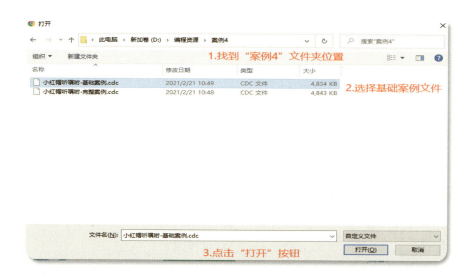

现在，我们已布置好舞台，可以邀请角色啦！

4.3.3 运行程序

小朋友，我们一起搭建积木，让故事中的角色动起来吧！

步骤一：按下键盘上的数字键1、3、5、7，妈妈发出声音，叮嘱小红帽。

（1）按下键盘上的数字键1后，妈妈发出声音，叮嘱小红帽。

点选"已选素材区"的"妈妈"图标,将鼠标移至"事件"类积木中，找到积木 ，并拖曳到积木块编辑区。

点击 ，在弹出的下拉列表中，查找到1，将"a"修改为"1"。

在"声音"类积木中,拖曳积木 播放声音 1▼ 到上述积木的肚子里。

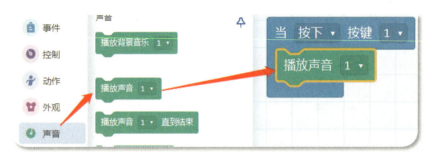

声音1已经录制好,是演示程序步骤1中"小红帽,要照顾好外婆哦。你记得外婆家在哪里吗?",后面每个声音都录制好了。

(2) 按下键盘上的数字键3后,妈妈发出声音,叮嘱小红帽。

需要搭建与"按下键盘上的数字键1后,妈妈发出声音,叮嘱小红帽"类似的积木,但是,我们可以采取"复制并粘贴"的方法,提高效率。

将鼠标移至上述代码位置并选择,单击鼠标右键,弹出菜单。选择其中的"复制并粘贴"命令,出现一组新的积木。

 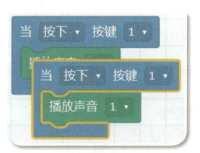

将新复制的积木块移动到不与其他积木重合的位置，将按键1修改为按键3，将声音1修改为声音3。

（3）按下键盘上的数字键5后，妈妈发出声音，叮嘱小红帽。

继续采取"复制并粘贴"搭建积木。选择刚复制的积木组，单击鼠标右键，在弹出菜单中，选择"复制并粘贴"命令。

将新复制的积木块移动到不与其他积木重合的位置，将按键3修改为按键5，将声音3改为声音5。

（4）按下键盘上的数字键7后，妈妈发出声音，叮嘱小红帽。

继续采取"复制并粘贴"搭建积木。选择刚复制的积木组，单击鼠标右键，在弹出菜单中选择"复制并粘贴"命令。

将新复制的积木块移动到不与其他积木重合的位置，将按键5修改为按键7，将声音5改为声音7。

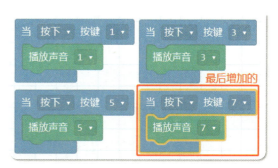

到目前为止，妈妈拥有4段代码，小朋友请核对一下

你的代码哦!

▶ **步骤二**：按下键盘上的数字键2、4、6、8，小红帽发出声音，回答妈妈。

（1）按下键盘上的数字键2后，小红帽发出声音，回答妈妈。

在屏幕右下角的"已选素材区"，选择"小红帽"图标。

将鼠标移至"事件"类积木中，找到积木，并拖曳到积木块编辑区。点击，在弹出的下拉列表中，查找到2，将"a"修改为"2"。

在"声音"类积木中，拖曳积木到上述积木肚子里。点击，在弹出的下拉列表中，将"1"修改为"2"。

（2）采取"复制并粘贴"的方法，分别实现按下键盘上的数字键4、6、8后，小红帽发出声音，回答妈妈。具体操作可以参考步骤一，但是，不要忘记修改按键及声音序号。

小红帽同样拥有4段代码，小朋友一定要认真核对小红帽的代码，按键是否分别是2、4、6、8，声音号码是否与按键号码一致。

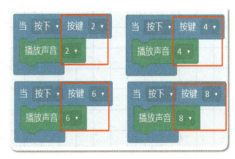

▶ **步骤三**：小红帽和妈妈位置的初始化。

在"第3章 小红帽选礼物"中，我们学习了"角色位置的初始化"，现在，我们继续使用这个方法。小朋友也可以翻到本书的第30页回顾这个技能。

（1）小红帽位置的初始化。

首先，在"已选素材区"选择"小红帽"图标，将鼠标移至"事件"类积木中，找到积木 ▢，并拖曳到积木块编辑区。

其次，在"动作"类积木中，拖曳积木 ▢ 到 ▢ 的肚子里。

最后，为小红帽填写一个适合的位置，例如，x=−196，y=−134，修改 ▢ 中的数字。

（2）妈妈位置的初始化。

首先，选择小红帽刚刚搭建好的积木组，点击鼠标右键，弹出菜单，选择"复制"命令。

其次，在屏幕右下角的"已选素材区"，选择"妈妈"图标。

再次，在积木块编辑区，单击鼠标右键，弹出菜单，选择"粘贴"命令。

最后，积木块编辑区会出现所粘贴的积木块。修改

移到 x 0 y 0 中的数字，为妈妈选择一个适合的位置，例如，x=68，y=−47。

现在，我们已经完成了所有的编程创作，快看一看是否和演示程序一致吧。小朋友，你感受到妈妈对小红帽的爱了吗？

4.3.4 保存文件

小朋友，不要忘记保存这个作品。点击"文件"菜单，选择"导出到电脑"命令，找到你的专属文件夹，保存好刚刚完成的作品。

4.4 编程思路

小朋友，我们一起回顾这次编程之旅吧。从这次开始，"导入基础案例文件"和"保存创作的作品"就不再给出详细说明了。

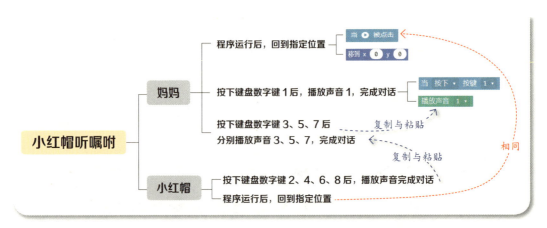

小红帽不贪玩 5

小红帽牢记妈妈的嘱咐,告诉自己不去采花,专心赶路。让我们向小红帽学习,做一个目标明确、专心致志的孩子!

小红帽牢记妈妈的嘱咐，带上送给外婆的蛋糕和水果，高兴地出发了。

刚走出家门没多远，小红帽看到了一片绿油油的草地，蝴蝶在草地上面翩翩飞舞。小红帽想起了妈妈的叮嘱，一直赶路，不耽搁。

小红帽继续向前走，又路过了经常看到的那条小溪，和往常一样，水里的鱼儿游得快活极了……小红帽一边看着周围的风景，一边向外婆家走去。不知不觉，小红帽来到了树林里。

小红帽有一段时间没有来树林玩耍了。走进树林没多久，她发现大路两边长出了许多小花，五颜六色，漂亮极了。她回想起曾经和外婆采花做书签的事情，不禁更想念外婆。于是，她告诉自己，要再加快脚步，早点儿到外婆家。走着走着，她看到一朵洁白无瑕的花朵，她记得外婆最喜欢这样的花，于是采了下来。

小红帽沿着路的两边，不停地采着花，采着采着，小红帽发现自己偏离了大路。葱郁的草丛中发出窸（xī）窸窣（sū）窣的声音，小红帽心里害怕极了。她又想起出发前妈妈的嘱咐，于是，赶紧转身，返回到大路上。

从这之后，只要小红帽再离开大路、踏入草丛一步，她都会及时提醒自己不要离开大路，一定要尽快到外婆的家。

5.1 演示程序

扫描图中的二维码,观看程序的运行效果。

1. 点击 ▶运行 后,小红帽在左下角。

2. 小红帽根据键盘4个方向键行走。

　　(1) 按下键盘上的←键,小红帽向左走;

　　(2) 按下键盘上的→键,小红帽向右走;

　　(3) 按下键盘上的↑键,小红帽向上走;

　　(4) 按下键盘上的↓键,小红帽向下走。

3. 每当小红帽偏离大路时,就会出现"我得走大路"的文字。

4. 当小红帽返回大路上时,"我得走大路"的文字消失。

5.2 解锁编程技能

编完这个程序,你将学会以下编程技能:

- (1) 修改角色位置的坐标值
- (2) 在满足某个条件的情况下,角色重复执行动作
- (3) 角色是否遇到某个颜色的判断
- (4) 角色动作依赖于其他角色
- (5) 角色的显示与隐藏

5.3 一步一步学编程

小朋友,现在就和老师一起用编程完成小红帽在森林行走的动画吧。

5.3.1 准备好编程资源

找到下载的编程资源文件,打开"案例5"文件夹,确认包括"小红帽不贪玩-基础案例.cdc"文件。

小红帽不贪玩-基础案例.cdc

5.3.2 添加背景与角色

接下来,我们正式开始编程啦!

打开编程环境，布置好舞台背景，邀请故事角色上场。

↘ **步骤一**：小朋友，你可以按照之前的方法，通过浏览器或者客户端进入腾讯扣叮编程环境。

↘ **步骤二**：导入"小红帽不贪玩 - 基础案例"文件。

（1）点击"文件"菜单，选择"从电脑导入"命令。

（2）在弹出的"打开"对话框中，找到编程资源"案例5"文件夹，选择"小红帽不贪玩 - 基础案例.cdc"，点击"打开"按钮。

现在，我们就把舞台布置成演示程序中的样子啦。

5.3.3 运行程序

小朋友，我们一起搭建积木，让故事中的角色动起来吧。

↘ **步骤一**：小红帽位置初始化。

在 3 和 4 的学习中，我们都完成过位置初始化。这一次，就请小朋友在屏幕右下角的"已选素材区"选择"小红帽"图标,自己完成积木拼接吧!

▶ **步骤二**:小红帽根据键盘4个方向键行走。

(1)按下键盘上的←键后,小红帽向左移动。

首先,点选"已选素材区"的"小红帽"图标,将鼠标移至"事件"类积木中,找到积木 ,并拖曳到积木块编辑区。

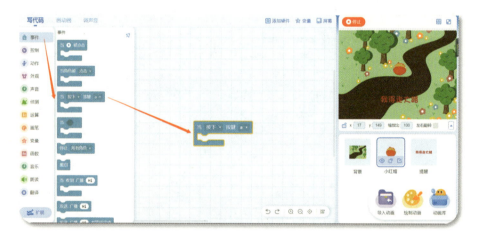

接着,点击 ▼,弹出下拉列表,将"a"修改为"←"。

然后,在"动作"类积木中,拖曳积木 到上述积木的肚子里,将100修改为 -15。

(2)按下键盘上的方向键→后,小红帽向右移动。

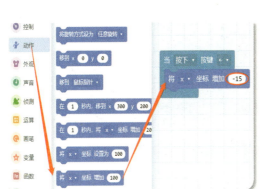

使用与(1)类似的方法搭建积木,这一次,我们仍然采用"复制并粘贴"这个技能,提高效率。

首先,将鼠标移至上述代码位置并选择,单击鼠标右键,弹出菜单,选择"复制并粘贴"命令。

然后,在新得到的积木块上,将"←"改为"→",将"-15"改为"15"。

这样,就完成了向左走、向右走的完整代码。

(3)按下键盘上的↑、↓键后,小红帽分别上、下移动。

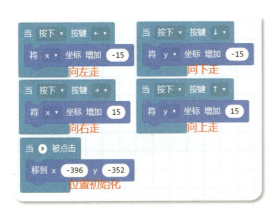

与(2)其他的积木搭建思路是一样的,我们还是会采用"复制并粘贴"这个技能。需要注意的是:①需要将x修改为y;②按下键盘上的↑键,坐标增加15;

49

③按下键盘上的↓键，坐标增加-15。

小朋友，请你核对小红帽是否包含5组积木？

↳ **步骤三**：程序运行时，看不到"我得走大路"的文字。

（1）在"已选素材区"，选择"提醒"图标。

（2）在"事件"类积木中，找到积木 ，并拖曳到积木块编辑区。

（3）在"外观"类积木中，找到积木 隐藏，拖曳到积木块编辑区上述积木的肚子里。运行程序时，就看不到这些文字了。

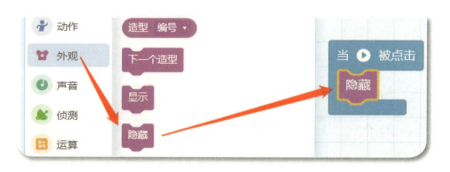

↳ **步骤四**：小红帽偏离大路，出现"我得走大路"的文字。

（1）在"事件"类积木中，找到积木 当，拖曳到积木块编辑区。

（2）在"侦测"类积木中，找到积木 当前角色▼碰到●？，拖曳到积木 当 中的六边形中。

（3）点击 当前角色 碰到 ? 中的 当前角色 ，在所弹出的角色列表中，选择"小红帽"。

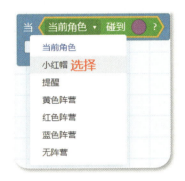 

（4）点击 当前角色 碰到 ? 中"碰到"后面的颜色椭圆，就会弹出选择面板，选择右下角的吸管图标。

（5）这时候，你就会看到一个选颜色放大镜，将它挪动到舞台上大路外面的森林中，点击后，颜色就取好了。此时，你会发现积木中的椭圆形已经变成了森林的颜色。

（6）在"外观"类积木中，找到积木 显示 ，把它拖曳到积木块编辑区上述积

木肚子里。这样,小红帽一旦走出大路,到了森林,就会出现"我得走大路"的提醒文字。

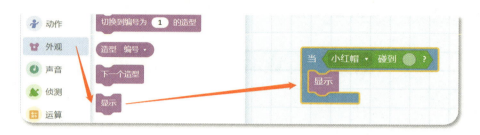

📌 **步骤五**:小红帽在大路上走时,"我得走大路"的文字消失。

步骤五与步骤四的搭建过程是一样的,需要修改的是:(1) `当前角色▼碰到◯?` 中的颜色椭圆,把它修改为大路的颜色;(2) 将 `显示` 改为 `隐藏`。

小朋友,请核对"我得走大路"的文字是否包含3组积木块。

5.3.4 保存文件

小朋友,不要忘记保存这个作品哦。点击"文件"菜单,选择"导

出到电脑"命令，找到你的专属文件夹，保存好刚刚完成的作品。

5.4 编程思路

小朋友，我们一起回顾这次编程之旅吧。

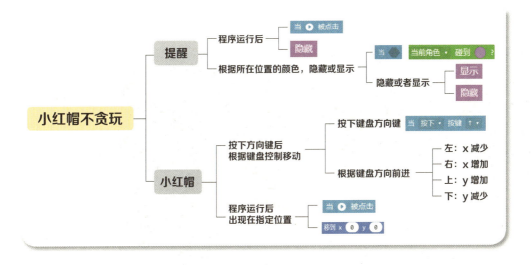

6 小红帽追蝴蝶

蝴蝶在花丛中飞舞,小红帽禁不住吸引,追逐蝴蝶。在追逐蝴蝶时,偶遇吓人的蜘蛛。小朋友,你也喜欢追蝴蝶吗?追逐中一定要注意安全啊!

小红帽是一个活泼开朗、热爱大自然的孩子，她喜欢的一个游戏就是追蝴蝶。森林中的草丛里有许多美丽的蝴蝶，小红帽看着这些蝴蝶，心想："我就在这里玩一会儿，一定不会耽误太多的时间。"想着想着，小红帽就放下手中的蛋糕和水果，直接去追蝴蝶了。

小红帽一眼就看到一只红色的蝴蝶，漂亮极了，像一朵美丽的花儿。这只蝴蝶先落到一朵淡黄色的小花上，小红帽就向那朵小花跑去。可还没等小红帽跑到那朵小花旁边，那只红色的蝴蝶又落到远处的草丛里，小红帽又跑向那片草丛。快到草丛时，小红帽想着不要吓到那只蝴蝶，于是，她轻手轻脚地向那只蝴蝶走过去。这次蝴蝶没有飞走，小红帽蹲着仔细地观察蝴蝶。过了一会，蝴蝶又飞走了，小红帽马上又追了过去……

小红帽实在跑不动了，于是，她坐在草地上，打算休息一下。突然，她看到草地上有一个小黑点向自己移动过来，越来越近。她仔细一看，原来是一只蜘蛛。小红帽最害怕蜘蛛了，她大叫一声"啊"，赶紧跑开了。

讲故事学编程
小红帽的故事

6.1 演示程序

扫描图中的二维码,观看程序的运行效果。

1. 点击 ▶运行 后,鼠标移动到哪里,小红帽就跟随到哪里。

2. 蝴蝶被点击后,迅速移动到另外的位置。

3. 小红帽碰到蜘蛛,发出"啊"的一声惊叫。

6.2 解锁编程技能

编完这个程序,你将学会以下编程技能:
- (1) 角色移动到随机位置
- (2) 角色与角色的相碰
- (3) 条件判断
- (4) 重复与条件的嵌套
- (5) 角色用文字说话

6.3 一步一步学编程

小朋友,现在就和老师一起用编程完成小红帽在森林中追蝴蝶的动画吧。

6.3.1 准备好编程资源

找到下载的编程资源文件,打开"案例6"文件夹,确认包括"小红帽追蝴蝶 - 基础案例.cdc"文件。

6.3.2 添加背景与角色

接下来,我们正式开始编程啦!

打开编程环境,布置好舞台背景,邀请故事角色上场。

↘ **步骤一:** 通过浏览器或者客户端进入腾讯扣叮编程环境。

> **步骤二**：导入"小红帽追蝴蝶 - 基础案例"文件。

(1) 点击"文件"菜单，选择"从电脑导入"命令。

(2) 在弹出的"打开"对话框中，找到编程资源"案例 6"文件夹，选择"小红帽追蝴蝶 - 基础案例 .cdc"，点击"打开"按钮。

现在，我们就把舞台布置成演示程序中的样子啦。

6.3.3 运行程序

小朋友，我们一起搭建积木，让故事中的角色动起来吧。

> **步骤一**：蝴蝶被点击后，飞到随机位置。

(1) 在"已选素材区"选择"蝴蝶"图标，在"事件"类积木中，选择积木，拖曳到积木块编辑区。

（2）在"动作"类积木中，拖曳积木 移到 鼠标指针▼ 到上述积木的肚子里。

（3）点击"鼠标指针"，在下拉列表中选择"随机"，就可以实现每次被点击后，蝴蝶会随机飞舞了。

接下来的所有步骤都是针对小红帽的。

↳ **步骤二**：小红帽在程序启动后，一直跟随鼠标移动。

（1）点选"已选素材区"的"小红帽"图标，将鼠标移至"事件"类积木中，找到积木 当角色被 点击▼ ，并拖曳到积木块编辑区。

（2）在"控制"类积木中，拖曳积木 重复执行 ，嵌套到上述积木中。

（3）在"动作"类积木中，找到积木 移到 鼠标指针▼ ，拖曳到上述积木的肚子里。

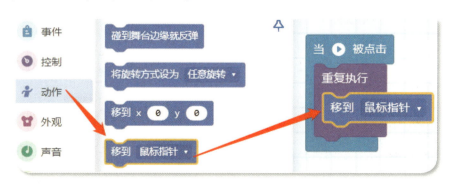

(4) 在"外观"类积木中，找到积木 下一个造型 ，并拖曳到积木块编辑区，拼接在 移到 鼠标指针▼ 下方。

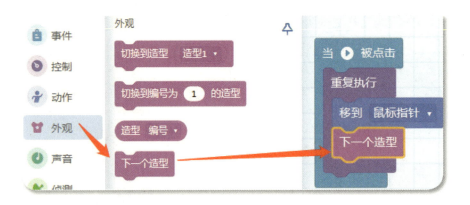

(5) 在"控制"类积木中，找到积木 等待 1 秒 ，并拖曳到积木块编辑区，拼接在积木 下一个造型 的下方，并将1秒改为0.2秒。

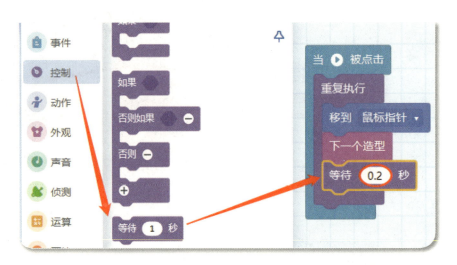

⬇ 步骤三：如果小红帽碰到蜘蛛，会发出"啊"。

(1) 在"控制"类积木中，找到积木 如果 ，并拖曳到积木块编辑区，拼接在积木 等待 1 秒 的下方。

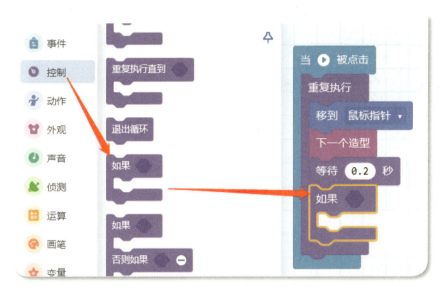

（2）在"侦测"类积木中，找到积木 `当前角色 碰到 鼠标指针 ?` ，拖曳到积木 `如果` 中的六边形中。

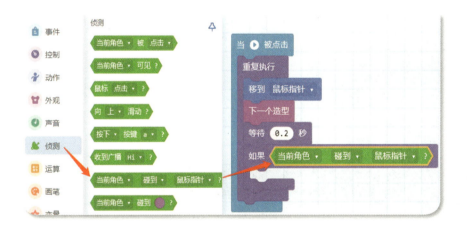

（3）点击 `当前角色 碰到 鼠标指针 ?` 中的"鼠标指针"，在下拉列表中选择"蜘蛛.png"。

（4）在"外观"类积木中，找到积木 `对话 "Hi" 持续 2 秒` ，拖曳到积木 `如果` 的肚子里。

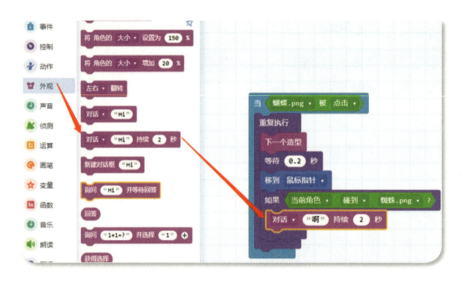

(5) 将"Hi"改为"啊",将 2 修改为 0.5。这样,我们就完成了小红帽的所有编程。

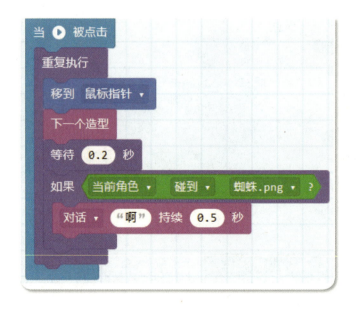

6.3.4 保存文件

小朋友,不要忘记保存这个作品哦。点击"文件"菜单,选择"导出到电脑"命令,找到你的专属文件夹,保存好刚刚完成的作品。

6.4 编程思路

小朋友,我们一起回顾这次编程之旅吧。

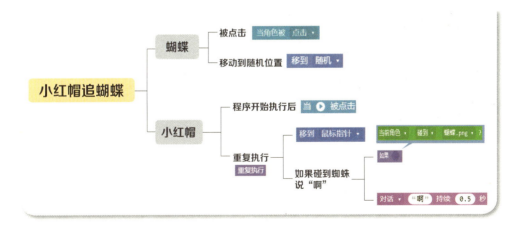

7

小红帽数脚印

小红帽偶遇呆萌小兔子。小兔子逃跑后,小红帽数着脚印追踪小兔子。小朋友,你也喜欢小动物吗?希望我们都做保护动物的好孩子!

小红帽追了一阵子蝴蝶，有些累了，很想休息一会儿。但是，一想到外婆，她又充满了活力，挎起篮子加油赶路！

树林里，小溪清澈，流水潺潺，芬芳四溢。

走着走着，小红帽遇见了一只可爱的小兔子，它有雪白雪白的绒毛、红通通的眼睛、胖乎乎的身体和短短的尾巴。小红帽的心都要被小兔子萌化了。小兔子正在一棵树下奋力地啃着果实，小红帽蹑手蹑脚地靠近小兔子，正想伸手摸一摸它的时候，小兔子嗖的一下就跑掉了。小红帽很不甘心，便急忙追赶。

小兔子跑得太快了，小红帽追到一个转弯处，发现小兔子已经不见了踪影。正当小红帽很失望的时候，她突然发现了线索！她看到小兔子逃跑的脚印，于是，小红帽打算沿着脚印追过去。她一边观察，一边数着脚印：1、2、3、4、5、6、7、8、9、10。小红帽心想：小兔子一定躲在脚印的尽头。想到这里，小红帽兴奋不已。她一边嘴里喊着："小兔子，等等我。"一边沿着脚印追了过去……

7.1 演示程序

扫描图中的二维码，观看程序的运行效果，你会发现绿油油的草地上有小红帽和小白兔。

1. 点击 ▶运行 后，小红帽隐藏起来，只剩小白兔啦。

2. 小白兔向前跳跃 1 次，留下 1 对脚印，共留下 10 对脚印。

3. 小白兔消失后，小红帽开始数脚印，从 1 数到 10。

7.2 解锁编程技能

编完这个程序，你将学会以下编程技能：

(1) 角色间发消息

(2) 角色执行指定次数的动作

(3) 数量的存储与更新

(4) 指定时间内，修改角色位置的坐标值

(5) 用图章给角色留下痕迹

7.3 一步一步学编程

小朋友，现在就和老师一起用编程完成小红帽在森林中数脚印的动画吧。

7.3.1 准备好编程资源

找到下载的编程资源文件,打开"案例7"文件夹,确认包括"小红帽数脚印-基础案例.cdc"文件。

7.3.2 添加背景与角色

接下来,我们正式开始编程啦!

打开编程环境,布置好舞台背景,邀请故事角色上场。

步骤一: 通过浏览器或者客户端进入腾讯扣叮编程环境。

步骤二: 导入"小红帽数脚印-基础案例"文件。

(1)点击"文件"菜单,选择"从电脑导入"命令。

(2)在弹出的"打开"对话框中,找到编程资源"案例7"文件夹,选择"小红帽数脚印-基础案例.cdc",点击"打开"按钮。

现在,我们就把舞台布置成演示程序中的样子啦。

在屏幕右下角的"已选素材区"选择"小白兔"图标，在屏幕左侧选择 画动画，可以看到小兔子造型和脚印造型。一会儿我们会用到这两个造型。

7.3.3 运行程序

小朋友，我们一起搭建积木，让故事中的角色动起来吧。

↘ **步骤一**：小白兔初始化。

小朋友，你发现了吗？每个角色都需要初始化。这次不仅需要位置初始化，还需要将角色造型初始化为"兔子造型"。

（1）在屏幕左侧选择"写代码"按钮，切换到积木拼搭面板。

（2）自己完成积木拼接吧。

当 ▶ 被点击
移到 x -391 y -288
切换到造型 兔子造型 ▾

步骤二： 程序启动后，小白兔出现，向前跳跃10次，留下10对脚印。

（1）在"事件"类积木中，再次拖曳一个积木到积木块编辑区。

（2）在"外观"类积木中，找到积木 显示 ，拖曳到上述积木的肚子里。

（3）在"控制"类积木中，拖曳积木 重复执行 10 次 到 显示 的下方。

（4）接下来完成最关键的步骤，小兔子边走边留下脚印。其方法是小兔子换成脚印造型，留下印章（图章 积木），然后，又恢复到小兔子造型。

首先，在"外观"类积木中，找到积木 切换到造型 兔子造型，将其拖曳到"重复执行"积木的肚子里，将"兔子造型"修改为"脚印造型"。

接着，在"画笔"类积木中，找到积木 图章 ，拼接在切换到造型积木下方。积木 图章 的作用就是把小兔子的脚印造型印到背景上。

最后，在"外观"类积木中，找到积木 切换到造型 兔子造型 ，将其拖曳到"图章"积木的下方，就可以恢复小兔子造型了。

（5）完成小兔子跳跃的模拟动作。

首先，在"控制"类积木中，找到积木 等待 1 秒 ，拼接到"重复执行"积木的下方，实现间隔跳跃动作。

其次，在"动作"类积木中，找到积木 移动 10 步 ，拼接到"等待"积木下方，将10修改为100，实现小兔子快速移动的效果。

（6）小兔子留下10对脚印后，就消失了。这就需要为小兔子增加积木 隐藏 。一定记得这块积木是在"重复执行"积木外哦。

小兔子消失后,小红帽怎么知道要上场了呢?其实,是小兔子给小红帽发了消息。现在,我们来完成这段代码。

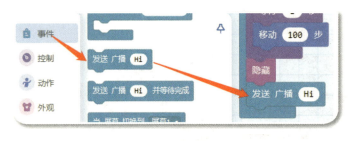

(7)在"事件"类积木中,拖曳积木 发送 广播 Hi ,并拼接到积木 隐藏 的下方。

(8)鼠标移动到积木 发送 广播 Hi 的"Hi",将"Hi"修改为"小红帽出现"。这样,就完成了小红帽的全部代码,小朋友,看看你的代码完整不完整?

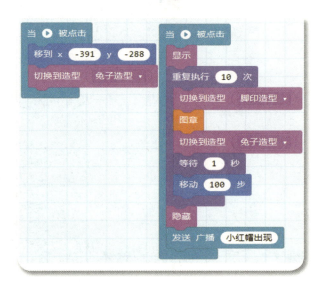

接下来的所有步骤都是针对小红帽的。

↘ **步骤三**:小红帽初始化。

小朋友,你发现了吗,每个角色都需要初始化。小红帽初始化包括两方面,一是位置初始化,二是需要将她隐藏起来。

你一定可以自己完成积木拼接!

步骤四：小红帽出现，并数脚印。

小红帽接收"广播"后，就会出现，并数脚印。

（1）点选"已选素材区"的"小红帽"图标，将鼠标移至"事件"类积木中，找到积木 当 收到 广播，并将其拖曳到积木块编辑区。

（2）在"外观"类积木中，拖曳积木 显示 到收到广播积木的肚子中。

（3）完成小红帽数脚印的代码。

在"动作"类积木中，拖曳积木 重复执行 10 次

到积木 显示 的下方。

选择"变量"类积木，在屏幕偏右侧的变量管理菜单中选择 新建变量 。

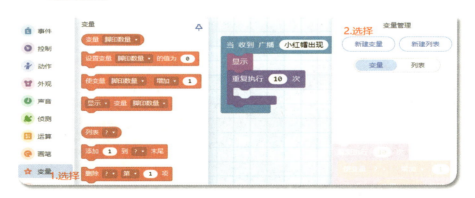

在变量管理面板中,输入"脚印数量",将类型选择为"角色变量",然后选择"确认",设置小红帽数脚印的变量。

在"变量"类积木中,拖曳积木 `使变量 脚印数量▼ 增加 1` 到重复执行积木的肚子里。

小红帽用文字说出脚印数。在"外观"类积木中,找到积木 `对话▼ "Hi" 持续 2 秒`,拼接在上述积木的下方,将2修改为1。

把说话内容改为"脚印数量"变量。

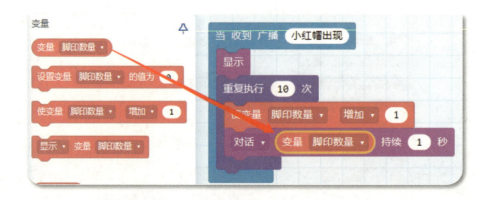

到目前为止，所有积木就搭建完了。小朋友，快看看你的程序运行结果和演示程序是否一致吧！

7.3.4 保存文件

小朋友，不要忘记保存这个作品。点击"文件"菜单，选择"导出到电脑"命令，找到你的专属文件夹，保存好刚刚完成的作品。

7.4 编程思路

小朋友，我们一起回顾这次编程之旅吧。从这个案例开始，不再详细回顾初始化部分了，只呈现新学习的积木以及要强调的积木。

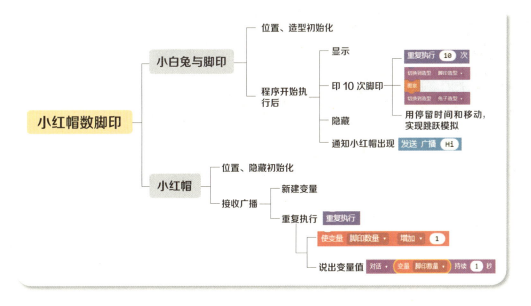

8 小红帽采鲜花

小红帽听信大灰狼的哄骗,在森林里采花朵,打算送给外婆。安全第一,我们要有警惕之心,不能轻信陌生人!

小红帽走到一条小河旁，不禁自言自语道："过了桥，就要到外婆家了，我得快点啦！"此时，小红帽还不知道危险即将来临。

大灰狼躲在大树后面，听到小红帽念叨着要去外婆的家，便打起了坏主意。大灰狼盘算着先赶到外婆的家，吃掉外婆，接着假扮外婆骗取小红帽的信任，再对小红帽下手。不过，要想自己的计划顺利实施，大灰狼就得比小红帽先到外婆的家。此时，大灰狼眼珠骨碌碌一转，马上就想了一个拖住小红帽的办法。

突然，大灰狼从草丛里跳了出来。小红帽没有见过大灰狼，顿时惊慌起来："你是谁？"大灰狼假装礼貌地打招呼："你好，小姑娘，我是灰灰狗，你叫什么名字？你要去干什么？"小红帽被大灰狼的假象迷惑，便放松了警惕说："你好，灰灰狗，我叫小红帽！我要去看生病的外婆。"大灰狼接着问出了外婆家的住址，对小红帽说："森林里的花这么好看，你采一些带给外婆，她一定很开心！"小红帽也很想采花送给外婆，便中了大灰狼的诡计。

大灰狼放心地离开了，偷偷去往外婆的家，留下小红帽在树林里采花。小红帽来来回回地把那片草地上的花看了个遍，仔细地寻找着外婆喜欢的颜色和样式。她采了好多花，有紫色的、蓝色的、黄色的、红色的等，把篮子装得满满的。

讲故事学编程
小红帽的故事

8.1 演示程序

扫描图中的二维码,观看程序的运行效果。

1. 点击 ▶运行 后,小红帽缓慢向前行走,角色变大了。

2. 移动鼠标后,小红帽跟随鼠标移动。

3. 如果小红帽采到花朵,花朵消失,小红帽说"开心"。

8.2 解锁编程技能

编完这个程序，你将学会以下编程技能：

(1) 角色大小设定
(2) 将角色大小增加一定比例
(3) 同一个角色接收多个广播
(4) 角色通过广播设定积木执行顺序
(5) 变量与文字联结显示

8.3 一步一步学编程

小朋友，现在就和老师一起用编程完成小红帽在森林中采鲜花的动画吧。

8.3.1 准备好编程资源

找到下载的编程资源文件，打开"案例8"文件夹，确认包括"小红帽采鲜花 - 基础案例 .cdc"文件。

8.3.2 添加背景与角色

接下来，我们正式开始编程啦！

打开编程环境，布置好舞台背景，邀请故事角色上场。

步骤一：通过浏览器或者客户端进入腾讯扣叮编程

环境。

▶ **步骤二**：导入"小红帽采鲜花-基础案例"文件。

（1）点击"文件"菜单，选择"从电脑导入"命令。

（2）在弹出的"打开"对话框中，找到编程资源"案例8"文件夹，选择"小红帽采鲜花-基础案例.cdc"，点击"打开"按钮。

现在，我们就把舞台布置成演示程序中的样子啦。

细心的小朋友会发现，小红帽自带了一组积木，这组积木能够实现程序启动后，小红帽"原地踏步"。

8.3.3 运行程序

小朋友，我们一起搭建积木，让故事中的角色动起来吧。

▶ **步骤一**：小红帽越走越近，逐渐变大。

（1）在"已选素材区"选择"小红帽"图标，在"事件"类积木中，将积木 拖曳到积木块编辑区。

(2) 在"动作"类积木中，找到积木 ，拖曳到上述积木的肚子里，实现位置初始化。x、y值见右图。

(3) 在"外观"类积木中，找到积木 ，将150改为100。确保每次程序启动时，小红帽恢复最初的大小。

(4) 在"动作"类积木中，找到积木 ，拖曳到上述积木的后面，将x改为−200，y改为0。

(5) 在"外观"类积木中，找到积木 ，将20改为10。小朋友，一定要注意步骤（3）是设定为某个值，步骤（5）是增加某个值。

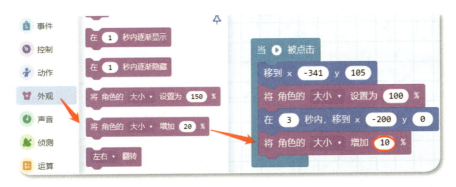

(6) 告诉小红帽要采花。在"事件"类积木中，找到

积木 发送广播 Hi ，将其拖曳到积木 将角色的大小增加 20 % 的下方，将"Hi"改为"采花"。完成了小红帽的第一组积木块。

🔽 **步骤二：** 小红帽跟随鼠标移动采花。

我们在第6章学过怎样实现角色跟随鼠标移动的代码。但是，这一次，小红帽是接收广播后，才执行动作。

（1）在"事件"类积木中，找到积木 当收到广播 采花 ，将其拖曳到积木块编辑区。

（2）在"控制"类积木中，将其积木 重复执行 拖曳到"接收广播"积木中。

（3）在"动作"类积木中，找到积木 移到 鼠标指针 ，将其拖曳到上述积木的肚子里。

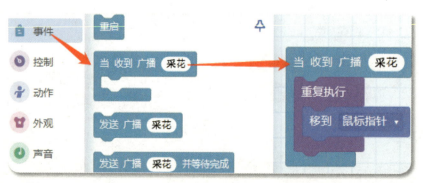

▶ **步骤三**：花朵和小红帽相遇后，花朵消失。

3个花朵的积木是一样的，我们可以完成1朵花的积木拼接，然后，利用"复制并粘贴"完成其他2朵花的动作。

（1）完成花朵1碰到小红帽后，花朵1消失。

①在"已选素材区"选择花朵1图标，在"事件"类积木中，找到积木，将其拖曳到积木块编辑区。

②在"侦测"类积木中，找到积木，将其拖曳到积木的六角形条件框中，将"鼠标指针"修改为"小红帽"。

③在"外观"类积木中，将积木 隐藏 拖曳到上述积木的肚子里。

④在"事件"类积木中，找到积木 发送 广播 采花 ，将"采花"修改为"采到花"。

（2）完成花朵2碰到小红帽后，花朵2消失。

前面我们学习过"复制并粘贴"这个操作，再来温习一次。

①在刚刚搭建的积木上,点击鼠标右键,弹出选择菜单,选择"复制"命令。

②在"已选素材区"选择花朵2图标 后,在中间的积木块编辑区点击鼠标右键,在弹出的菜单中,选择"粘贴"命令。

这样,就为花朵2完成了同样的积木块。

(3)完成花朵3碰到小红帽后,花朵3消失。该操作与花朵2的操作完全一样,不再赘述。

步骤四: 小红帽采到花后,说"开心"。

现在,我们为小红帽增加最后一组积木。

(1)在"已选素材区"选择"小红帽"图标,在"事件"类积木中,找到积木 ,将其拖曳到积木块编辑区。

(2)在"外观"类积木中,找到积木 ,将其拖曳到"接收广播"积木的肚子里,将"Hi"修改为"开心",将

2 修改为 1。

到目前为止，所有积木就搭建完了。

小朋友，快看看你的程序运行结果和演示程序是不是一致吧！

8.3.4 保存文件

小朋友，不要忘记保存这个作品哦。点击"文件"菜单，选择"导出到电脑"命令，找到你的专属文件夹，保存好刚刚完成的作品。

8.4 编程思路

小朋友，我们一起回顾这次编程之旅吧。不再详细回顾初始化部分，只呈现新学习的积木以及要强调的积木。

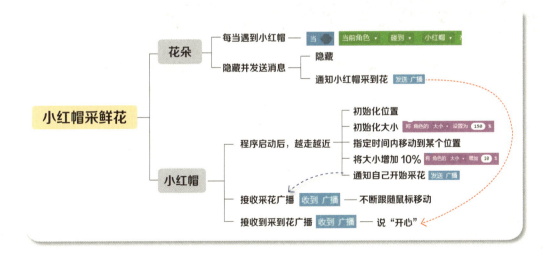

9 小红帽对暗号

小红帽利用长笛吹奏出来的"声音"验证外婆的真假,她故意吹错音符并机智报警。让我们做一个有智有勇的孩子吧!

小红帽带着鲜花，蹦蹦跳跳地走向外婆的家。

提前来到外婆家的大灰狼已经把外婆吞进了肚子。它换上外婆的外套，戴着大大的帽子，站在门口等着小红帽。

小红帽非常高兴，一下子扑进外婆怀里。但是，小红帽感觉外婆今天怪怪的。外婆的身上总有淡淡的薰衣草香味，为什么今天的味道很奇怪？小红帽离开外婆的怀抱，她歪着脑袋想："我没有告诉外婆今天要来看望她呀，为什么她会在门口等我呢？"小红帽越想越觉得奇怪，这时候，她想起以前和外婆一起吹过的一首乐曲，这是小红帽和外婆一起创作的，只有她和外婆知道。小红帽灵机一动，心想："我可以吹奏乐曲来辨别是不是我的外婆。"于是，她拿到长笛吹奏乐曲。聪明的小红帽在演奏乐曲时，故意吹错了几个音。吹错的音就是暗号，这是她和外婆的约定。如果眼前的人是真正的外婆，那么，她肯定会听出来错误的。

吹完之后，小红帽说："外婆，轮到您完成曲子啦！"狼外婆心想："幸好我聪明，把小红帽刚刚吹的乐曲都记住了。"于是，狼外婆从小红帽手里接过长笛，把小红帽吹过的曲子重复了一遍。

小红帽听完后，就明白她不是外婆。小红帽心想："我要快点通知住在附近的猎人叔叔。"

森林里的住户都安装了报警器。小红帽一边和狼外婆说话，一边偷偷按下了报警器。

9.1 演示程序

扫描图中的二维码,观察程序的运行效果。

1. 点击小红帽,长笛移动到小红帽身边,她用长笛演奏。

2. 点击狼外婆,长笛移动到狼外婆身边,它用长笛演奏。

9.2 解锁编程技能

编完这个程序,你将学会以下编程技能:

- (1) 为角色做"大积木"
- (2) 使用自己的"大积木"
- (3) 乐器设定
- (4) 演奏速度设定
- (5) 音符演奏

9.3 一步一步学编程

小朋友,现在就和老师一起用编程完成小红帽吹奏乐曲对暗号的动画吧。

9.3.1 准备好编程资源

找到下载的编程资源文件,打开"案例 9"文件夹,确认包括"小红帽对暗号 - 基础案例 .cdc"文件。

9.3.2 添加背景与角色

接下来,我们正式开始编程啦!

打开编程环境,布置好舞台背景,邀请故事角色上场。

↘ **步骤一**:通过浏览器或者客户端进入腾讯扣叮编程环境。

> **步骤二：** 导入"小红帽对暗号 - 基础案例"文件。

（1）点击"文件"菜单，选择"从电脑导入"命令。

（2）在弹出的"打开"对话框中，找到编程资源"案例9"文件夹，选择"小红帽对暗号 - 基础案例.cdc"，点击"打开"按钮。

现在，我们就把舞台布置成演示程序中的样子啦！

9.3.3 运行程序

小朋友，我们一起搭建积木，让故事中的角色动起来吧。

> **步骤一：** 长笛位置初始化，哪个角色被点击就移动到哪个角色身边。

（1）在"已选素材区"选择"长笛"图标，完成位置初始化，x、y值如右图所示。

（2）小红帽被点击后，长笛移动到小红帽身边。

首先，在"事件"类积木中，找到积木 ，将其拖曳到积木块编辑区。

接着，在"侦测"类积木中，找到积木

将其拖曳到上述积木的六边形条件框中。将"当前角色"修改为"小红帽"。

最后,在"动作"类积木中,找到积木 移到 x 0 y 0 ,按照右图修改 x、y 值。

(3) 狼外婆被点击后,长笛移动到狼外婆的身边。

按照上述步骤或者采取"复制并粘贴"的方法搭建积木,注意角色改为"狼外婆",还有 x、y 值的变化啦。

现在,我们就搭建完成"长笛"的3组积木啦。

▼ **步骤二**:小红帽位置初始化,点击后,演奏音乐。

(1) 在"已选素材区"选择"小红帽"图标,完成位置初始化,x、y 值如右图所示。

(2) 拼接演奏音乐大积木。

① 在" Fn 函数"类积木,拖曳积木 定义函数 doSomething 到积木块编辑区。

②点击"doSomething",弹出对话框,将名称修改为"长笛演奏"。

③在"　音乐"类积木中,拖曳积木 到积木块编辑区,将"(1)钢琴"修改为"12 长笛"。

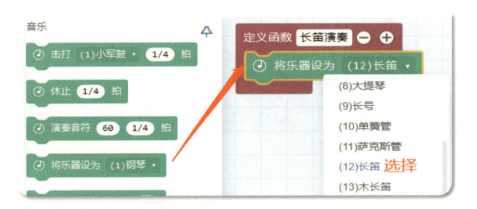

④拖曳积木 到积木块编辑区,修改演奏速度"60"为"30"。

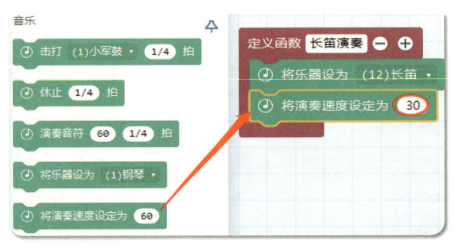

⑤根据乐谱逐一拖曳演奏音符积木，点击其中的"60"，修改为62。左右箭头移动或点击键盘，都可以选择需要的音符，点击"1/4"，完成修改拍数。

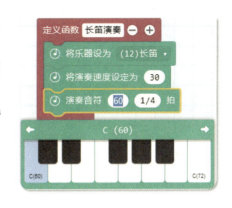

小朋友，你可以自由创作乐曲，也可以参考这段代码。

(3) 小红帽被点击后，调用这块大积木。

首先，在"事件"类积木中，拖曳积木 到积木块编辑区。

其次，在" Fn 函数"类积木中，拖曳刚刚搭建的"大积木" 到"角色被点击"的肚子里。

▼ 步骤三：狼外婆位置初始化，被点击后演奏音乐。

(1) 在"已选素材区"选择"狼外婆"图标，完成位置初始化，x、y值如左图所示。

(2) 点击狼外婆后，演奏音乐。

刚刚的故事提到狼外婆记住了演奏过程，所以，它演奏的积木和小红帽的一模一样。除了完成同样的搭建或者用"复制并粘贴"外，你还能想到其他什么办法吗？

其实，我们还可以用广播，通知狼外婆使用小红帽的"大积木"。当狼外婆被点击后，就给小红帽发送广播吧。

首先，在"事件"类积木中，拖曳积木  到积木块编辑区。

其次，在"事件"类积木中，拖曳积木 发送 广播 Hi 到"被点击"积木的肚子里，并将"Hi"修改为"播放音乐"。

没错，狼外婆就2组积木块。

↓ **步骤四**：小红帽接收广播后，用"大积木"演奏音乐。

（1）在"已选素材区"选择"小红帽"图标，在"事件"类积木中，拖曳积木 当 收到 广播 播放音乐 到积木块编辑区。

（2）在" Fn 函数"类积木中，拖曳"大积木" 长笛演奏 到"收到广播"的肚子里。

到目前为止，小红帽的所有积木也都完成了，你的积木完整吗？

小朋友，快看看你的程序运行结果和演示程序是不是一致吧！

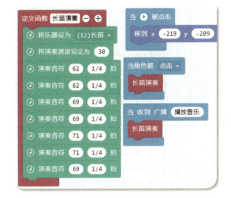

9.3.4 保存文件

小朋友，不要忘记保存这个作品。点击"文件"菜单，选择"导出到电脑"命令，找到你的专属文件夹，保存好刚刚完成的作品。

9.4 编程思路

小朋友，我们一起回顾这次编程之旅吧。不再详细回顾初始化部分，只呈现新学习的积木以及要强调的积木。

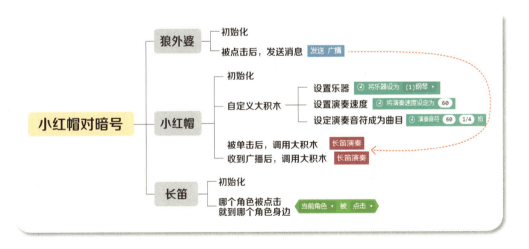

10 小红帽喜得红披风

小红帽和外婆被解救后,小红帽顺利通过计算考验,获得红披风。让我们向小红帽学习,做一个认真细致的孩子吧!

不远处的屋子里，猎人正在休息。接到报警信号后，猎人拿着捕猎装备，急匆匆地去信号发出地——小红帽的外婆家。

在猎人赶到的时候，大灰狼睡着了。"你这个大坏蛋。"猎人正准备向大灰狼开枪，突然想到大灰狼可能把小红帽和外婆吃进肚子里了。于是，猎人拿起剪刀，细心地打开大灰狼的肚子。小红帽和外婆马上爬出来后，猎人迅速打倒了大灰狼，带着它离开了。

猎人离开后，小红帽和外婆紧紧地抱在一起，泪流满面。小红帽关心地问道："外婆，你怎么样，有没有受伤？"并将妈妈准备的蛋糕和水果送给外婆。外婆提醒小红帽不要相信陌生人，也赞赏了小红帽的智慧与勇敢。外婆决定把准备好的生日礼物提前送给小红帽，不过先要考查小红帽的加法运算。

小红帽信心满满地说："没问题！"外婆出了第一道题："5+8=？"小红帽太心急了，没有思考就着急答题。很可惜，小红帽答错了。外婆继续出题："5+7=？"并告诉小红帽，做题不能只追求速度，还要认真思考。小红帽听了外婆的话，点点头，决定汲取上次的教训。在充分思考之后，小红帽作答，给出答案是12，她终于答对了。

外婆将礼物拿出来，是一条和小红帽的帽子成套的红披风！

10.1 演示程序

扫描图中的二维码,观察程序的运行效果。

1.点击外婆后,外婆开始提问,每次都是 5 加一个数字,这个数字在 0 到 10 之间。

2.如果小红帽回答错了,外婆会说不对,继续提问。

3. 如果小红帽回答对了，外婆会说"真棒"，不再提问，并奖励给小红帽新披风。

10.2 解锁编程技能

编完这个程序，你将学会以下编程技能：

(1) 随机数
(2) 字符串连接
(3) 变量的数学运算
(4) 提问与回答

10.3 一步一步学编程

小朋友，现在就和老师一起用编程完成小红帽挑战加法赢得礼物的动画吧。

10.3.1 准备好编程资源

找到下载的编程资源文件,打开"案例10"文件夹,确认包括"喜得红披风 - 基础案例.cdc"文件。

10.3.2 添加背景与角色

接下来,我们正式开始编程啦!

打开编程环境,布置好舞台背景,邀请故事角色上场。

步骤一: 通过浏览器或者客户端进入腾讯扣叮编程环境。

步骤二: 导入"喜得红披风 - 基础案例"文件。点击"文件"菜单,选择"从电脑导入"命令,找到编程资源"案例10"文件夹,选择"喜得红披风 - 基础案例.cdc",点击"打开"按钮。

现在,我们就把舞台布置成演示程序中的样子啦。

10.3.3 运行程序

小朋友，我们一起搭建积木，让故事中的角色动起来吧。

↳ **步骤一**：点击外婆后，她提出"5+随机数"的数学问题。

（1）增加变量，存储外婆提出的数字，以及5加上这个数字的和。

首先，点击代码区的 ⭐ 变量 图标，弹出变量管理面板。点击"新建变量"按钮，就可以为"加数"和"和"分别建立变量了。

其次，输入变量名"加数"，选择"角色变量"，点击"确认"按钮，就新增了"加数"变量。

接着，用同样的方法，建立名称为"和"的变量。

如果新建的变量消失了，怎么办？别着急，在积木块编辑区右上角点击"变量"， 添加硬件 ⭐变量 屏幕 就可以看到所有变量。现在变量上有红色删除线，是因为程序还没用到这个变量。

（2）外婆被点击后，先思考"加数"是什么，答案是什么。

①在"事件"类积木中，拖曳积木 到积木块编辑区。

②在"变量"类积木中，拖曳积木 到上述积木的肚子里。如果积木中的变量名称不是"加数"，用鼠标点击 加数 ，可以选择变量。

③在"运算"类积木 运算 中，拖曳积木 到"设置变量的值"积木的椭圆中。

④在"变量"类积木 变量 中，拖曳积木 到上述积木的下方，点击 加数 ，将其修改为"和"。

⑤在"运算"类积木 运算 中，拖曳积木 到"设置变量的值"积木的椭圆中。

⑥将第一个椭圆"0"修改为"5",切换到 ★ 变量 积木,拖曳 变量 加数 到第二个椭圆中。

(3)外婆开始提问。

①在"外观"类积木找到积木 询问 "Hi" 并等待回答,拖曳到积木块编辑区。

②在"运算"类积木 运算 中,拖曳积木 把"a""b"放在一起 到"询问"积木的"Hi"椭圆中。

③在变量类积木 ★ 变量 中,拖曳积木 变量 加数 到第一个椭圆"a",将"b"修改为"+5=?",

形成这段完整的积木。

⤵ **步骤二**：外婆判断回答是否正确，如果不正确说"不对"，如果正确说"很棒"，并给披风发广播，告诉它出现。

（1）在控制类积木，找到积木 ，连续拖曳 2 块积木 ，上下拼接在"询问"积木后面，分别处理正确回答和错误回答。

（2）在"运算"类积木 运算 中，找到积木 ，拖曳到 2 块"如果"积木的六边形条件框中。

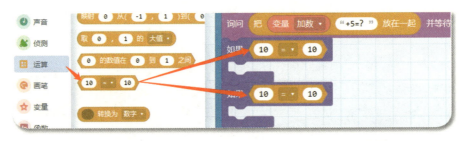

（3）在"外观"类积木中，找到积木 回答 ，拖曳到 2 块积木 的第一个椭圆中。

（4）在变量类积木 变量 中，找到积木 变量 加数 ，拖曳到 2 块积木 的第二个椭圆中，把"加数"修改为"和"，第二块积木的"＝"改为"≠"。

① 处理回答正确的情况。

第一步，在"外观"类积木中，找到积木 ，拖曳到第一个"如果"积木的肚子里。将"Hi"改为"真棒！"，将"2"修改为"1"。

第二步，在"事件"类积木中，找到积木 ，拖曳到"对话"积木下方，修改广播名称"Hi"为"礼物出现"。

现在，已经完成第一块"如果"积木的拼接。

② 处理回答不正确的情况。

在"外观"类积木中，找到积木 ，拖曳到第二个"如果"积木的肚子里。将"Hi"改为"不对！"，将"2"修改为"1"。

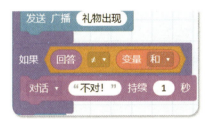

第二块"如果"积木的拼接也完成了。

↳ **步骤三**：外婆不断提问，直到回答正确。

这个步骤需要两块积木，一块是在外婆思考数字是什么、提问、判断对错外面增加一层循环。另外一块是如果回答并且发完广播，跳出循环，不再提问。

（1）在"控制"类积木中，拖曳"重复执行"积木到"当角色被点击"积木的下方。

(2) 用鼠标按住积木 `设置变量 加数 的值为`，将后面所有代码都拖入"重复执行"积木内部。

(3) 在"事件"类积木中，找到积木 `停止 所有角色`，拼接到积木 `发送 广播 礼物出现` 的后面。

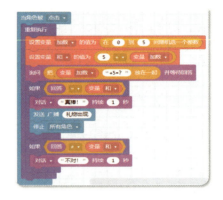

外婆的完整代码如右图所示，初始化部分不再重复显示。

↘ **步骤四**：程序启动后，披风隐藏。当接到外婆广播后，披风出现。

(1) 程序启动后，披风隐藏。在"已选素材区"点击

披风图标，会看到已经初始化的积木。只需要在"外观"类积木中，找到积木 `隐藏`，并进行拼接。

(2) 当接到外婆广播后，披风出现。

首先，在"事件"类积木，找到积木 ，拖曳到积木块编辑区。

其次，在"外观"类积木中，找到积木 `显示`，并进行拼接。

最后，为了确保礼物不被任何角色遮挡，继续在"外观"类积木中，找到积木 `移至最 上层`，并进行拼接。

这样就完成了"接到外婆广播后,披风出现"的完整积木。

小朋友,快看看你的程序运行结果和演示程序是不是一致吧!

10.3.4 保存文件

小朋友,不要忘记保存这个作品哦。点击"文件"菜单,选择"导出到电脑"命令,找到你的专属文件夹,保存好刚刚完成的作品。

10.4 编程思路

小朋友,我们一起回顾这次编程之旅吧。不再介绍初始化部分,只呈现新学习的积木或者要强调的积木。

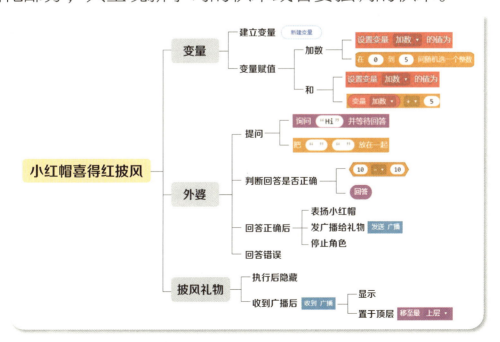

附录 A   腾讯扣叮环境使用说明

A.1 怎样进入腾讯扣叮

有两种方法可以打开腾讯扣叮编程的大门。

第一种方法是使用网页版，搜索"腾讯扣叮"网站，找到"创意实验室"的"立即创作"按钮。点击后，就可以直接进入创作界面了。

小朋友，如果你选择这种方式，最好让老师或者家长帮你收藏好这个网址，以后就不用重复输入了。

第二种方法是在自己电脑上安装客户端。与方法一相比，这个方法需要安装软件，但优势是如果安装成功后，即便不能上网仍旧可以进行编程创作。

同样进入"腾讯扣叮"网站，但这次要点击"立即创作"右侧的"了解更多 >"命令，就可以看到下载页面了。

点击 按钮，就会把客户端下载到计算机。当你看到这个图标 ，就表示下载成功了。

双击"创意实验室－腾讯扣叮"，就进入安装页面。

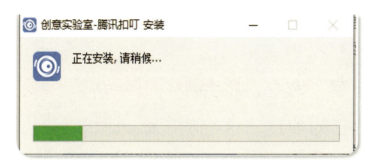

安装成功后，桌面会出现图标 。以后，每次点击图标就可以直接编程啦。

A.2 逛一逛编程环境

接下来，我们一起熟悉一下扣叮环境吧。扣叮编程的界面主要由3大功能区构成，分

别为菜单栏、脚本编辑区、舞台编辑区。

接下来,让我们具体认识一下每个功能区!

(1)菜单栏

菜单栏位于整体界面的最上方,主要由5部分组成,分别为文件、样例、课程、历史版本和快捷按钮。

① 文件

"文件"按钮包括"新建""打开""另存为""从电脑导入""导出到电脑"5个命令。

● 点击"新建"命令,将会新创建一个属于自己的项目。这个项目是完全空白的,小朋友们可以发挥想象,进行创作。

● 点击"打开"命令,将打开一个已有的扣叮项目。项目包含已有的舞台、角色、声音和积木。

● 点击"另存为"命令,将会保存一个编辑好的项目。

温馨提示:"打开"和"另存为"这两个命令都需要我们登录扣叮。小朋友可以让老师或者家长帮忙,使用扣叮账号、QQ账号、微信账号或者腾讯教育账号完成登录。

● 点击"从电脑导入"命令,是打开一个已经保存到自己电脑上的项目。

● 点击"导出到电脑",会将一个编辑好的项目直接保存到本地电脑上。

② 样例

点击"样例"按钮,你会看到扣叮为大家准备好的样例程序哦!这些样例程序,一方面可以给予小朋友们创作启发,另一方面也可以有助于小朋友在其基础上进行再创作。

③ 课程

点击"课程"按钮,你会看到扣叮为大家准备好的课程哦!

④ 历史版本

点击"历史版本"按钮,你可以看到扣叮对以前所编辑项目的历史版本。如果小朋友想对以前编辑的项目进行再次创作,就可以点击"历史版本"按钮。

⑤ 快捷按钮

在菜单栏的右半部分是菜单栏的快捷键按钮。

🔒 是"背包"按钮,小朋友可以将自己喜欢的角色素材放到背包里,需要时,点击背包即可选择自己保存的角色素材和代码。

📱 是"手机预览"按钮,在登录的状态下,单击这个按钮,手机端能够进行预览和调试

⛶ 是"全屏"按钮,单击这个按钮可以将程序在电脑上全屏打开,获得更好地视觉体验效果。

请输入作品名称 是"搜索"按钮,在条形框中输入想要查找的作品,点击搜索就可以啦。

保存 是"保存"快捷按钮,在完成作品之后,可直接单击"保存"按钮进行保存,扣叮会把你的项目作品保存到电脑。

登录 是"登录"按钮,小朋友单击"登录"按钮之后,可以选择扣叮、QQ 或者微信等方式登录自己的账号。登录账号以后,就可以在账号上对自己的作品进行管理。

(2)脚本编辑区

脚本编辑区是作品创作与编辑的主阵地。脚本编辑区左上方有"写代码""画动画"和"调声音"标签按钮,分别对应3

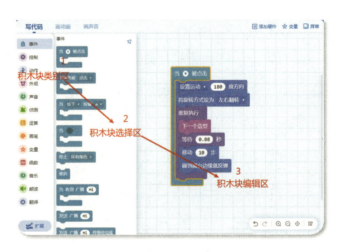

个操作面板。右上方有"添加硬件""变量"和"屏幕"快捷按钮。右下方还有6个关于操作与布局的快捷操作。

①"写代码"标签按钮

点击"写代码"标签按钮后,切换到积木块编辑面板,具体包括积木块类别区、积木块选择区、积木块编辑区。这3个区域在逻辑上呈递进的关系,在选择相应的积木块类别后，可进入相关积木块的选择区，选择合适的积木块之后拖进积木块编辑区，就可以对所选积木块进行搭建操作了。

温馨提示：（1）小朋友，你发现积木块类别区、积木块选择区、积木块编辑区颜色的一致性了吗？（2）积木块选择区的 ⊲ 有大作用，点击后，积木块选择区就不再消失了。

② "画动画"标签按钮

点击"画动画"标签按钮会切换到"背景与角色绘制"面板。在这里可以利用自己手绘、选择动画库现有素材以及上传电脑中的素材等方式，创造或者选择自己喜欢的背景或角色。

③ "调声音"标签按钮

点击"调声音"标签按钮会切换到"调声音"面板。

小朋友们可以对程序中的音乐进行选择与编辑。

④ 右上方的快捷方式

[添加硬件] 可以将设置的游戏程序与硬件设备联系起来，在硬件设备上进行调试。

[变量] 可以直接设置相应的变量，查看变量信息。

[屏幕] 可以创建、导入或删除屏幕场景或者直接跳转到下一屏幕场景中，实现环境的快速切换哦。

（3）舞台编辑区

舞台编辑区包括"舞台预览区"与"已选素材区"两部分。

① 舞台预览区

这是角色产生动作与交互的场所，舞台上通过设置适合的背景和角色，让动画在舞台预览区展现出来。

当点击 ▶运行 按钮后，程序即进入运行阶段，舞台上将展示我们所编程的内容。

我们可以通过程序的运行情况，实时在脚本编辑区对我们的代码进行修改，修改完成后通过 C刷新 按钮查看修改后的游戏效果。

在完成修改之后，可以通过 ●停止 按钮停止程序。同时舞台上方还有一些快捷按钮，可以进行屏幕切换、比例切换、坐标网格和全屏显示。

② 已选素材区

"已选素材区"是进行背景素材以及角色素材添加修改操作的场所，在"已选素材区"可以通过素材库、绘制动画、导入电脑素材等方式添加新的素材到我们的创作场景中。选中特定素材后，可在脚本编辑区为其添加相应的代码指令。

附录 B　　故事角色列表

小朋友，在《小红帽》的故事中，我们一共遇到了这些角色。在编程中，我们曾经为他们赋予生命，让他们鲜活地动起来过哦！

小红帽	外婆	妈妈	布娃娃
苹果	蛋糕	蝴蝶	小白兔
鲜花	长笛	大灰狼	红披风

附录 C　本册使用积木列表

小朋友，在《小红帽》的 10 个故事中，我们一共完成了 10 个小程序，现在我们就一起回顾我们都学习了哪些积木吧！

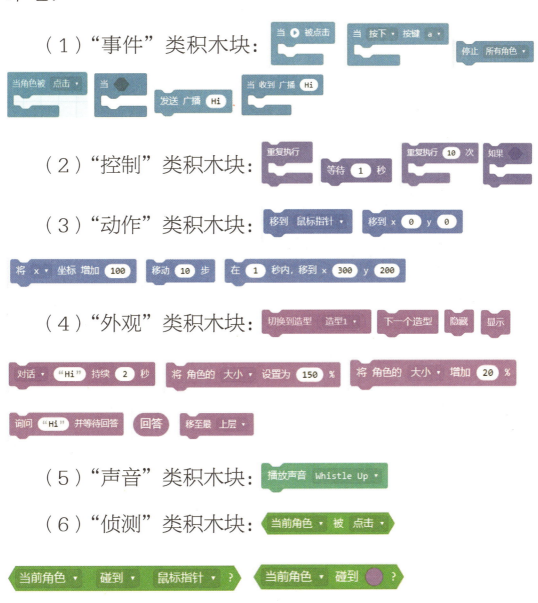

（1）"事件"类积木块：

（2）"控制"类积木块：

（3）"动作"类积木块：

（4）"外观"类积木块：

（5）"声音"类积木块：

（6）"侦测"类积木块：

（7）"运算"类积木块：

（8）"画笔"类积木块：

（9）"变量"类积木块：

（10）"函数"类积木块：

（11）"音乐"类积木块：